我的第一本科学漫画书

升级版

科学实验王

KEXUE SHIYAN WANG

25 齿轮与滑轮

CHILUN YU HUALUN

[韩] 故事工厂/著

[韩] 弘钟贤/绘

徐月珠/译

1支30元

21 二十一世纪出版社集团

21st Century Publishing Group

通过实验培养创新思考能力

少年儿童的科学教育是关系到民族兴衰的大事。教育家陶行知早就谈到："科学要从小教起。我们要造就一个科学的民族，必要在民族的嫩芽——儿童——上去加工培植。"但是现代科学教育因受升学和考试压力的影响，始终无法摆脱以死记硬背为主的架构，我们也因此在培养有创新思考能力的科学人才方面，收效不是很理想。

在这样的现实环境下，强调实验的科学漫画《科学实验王》的出现，对老师、家长和学生而言，是件令人高兴的事。

现在的科学教育强调"做科学"，注重科学实验，而科学教育也必须贴近孩子们的生活，才能培养孩子们对科学的兴趣，发展他们与生俱来的探索未知世界的好奇心。《科学实验王》这套书正是符合了现代科学教育理念的。它不仅以孩子们喜闻乐见的漫画形式向他们传递了一般科学常识，更通过实验比赛和借此成长的主角间有趣的故事情节，让孩子们在快乐中接触平时看似艰深的科学领域，进而享受其中的乐趣，乐于用科学知识解释现象，解决问题。实验用到的器材多来自孩子们的日常生活，便于操作，例如水煮蛋、生鸡蛋、签字笔、绳子等；实验内容也涵盖了日常生活中经常应用的科学常识，为中学相关内容的学习打下基础。

回想我自己的少年儿童时代，跟现在是很不一样的。我到了初中二年级才接触到物理知识，初中三年级才上化学课。真羡慕现在的孩子们，这套"科学漫画书"使他们更早地接触到科学知识，体验到动手实验的乐趣。希望孩子们能在《科学实验王》的轻松阅读中爱上科学实验，培养创新思考能力。

北京四中　物理教研组组长　物理高级教师　厉璀琳

伟大发明大都来自科学实验！

所谓实验，是为了检验某种科学理论或假设而进行某种操作或进行某种活动，多指在特定条件下，通过某种操作使实验对象产生变化，观察现象，并分析其变化原因。许多科学家利用实验学习各种理论，或是将自己的假设加以证实。因此实验也常常衍生出伟大的发现和发明。

人们曾认为炼金术可以利用石头或铁等制作黄金。以发现"万有引力定律"闻名的艾萨克·牛顿（Isaac Newton）不仅是一位物理学家，也是一位炼金术士；而据说出现于"哈利·波特"系列中的尼可·勒梅（Nicholas Flamel），也是以历史上实际存在的炼金术士为原型。虽然炼金术最终还是宣告失败，但在此过程中经过无数挑战和失败所累积的知识，却进而催生了一门新的学问——化学。无论是想要验证、挑战还是推翻科学理论，都必须从实验着手。

主角范小宇是个虽然对读书和科学毫无兴趣，但在日常生活中却能不知不觉灵活运用科学理论的顽皮小学生。学校自从开设了实验社之后，便开始经历一连串的意外事件。对科学实验毫无所知的他能否克服重重困难，真正体会到科学实验的真谛，与实验社的其他成员一起，带领黎明小学实验社赢得全国大赛呢？请大家一起来体会动手做实验的乐趣吧！

目录

人物介绍

范小宇

所属单位: 黎明小学实验社

观察报告:

- 因为一场意外事故而接受太阳小学校长的帮助,从而解开了心里的芥蒂。
- 无意间听到田在远和许大弘的谈话内容后,便陷入一片混乱之中。
- 有了一个不得不赢得比赛奖金的理由。

观察结果: 不是靠头脑,而是靠热情和好奇心进行实验的实验狂!

江士元

所属单位: 黎明小学实验社

观察报告:

- 当别人都在为比赛做准备时,独自一人享受阅读文学作品的宁静时刻,借此调整自己的心态。
- 以善意的谎言化解自己和裴宥莉之间的危机。

观察结果: 通过严谨的用词肯定小宇的实力,并接纳小宇对选择实验主题的意见,从而开启黎明小学实验社的新局面。

罗心怡

所属单位: 黎明小学实验社

观察报告:

- 细心、体贴,具备良好的协调能力,是实验社的关键人物。
- 通过最后一场对决,领悟到自己和实验社同学们的成长,内心突然生起一股感动。

观察结果: 在弥漫着紧张气氛的对决中,通过敏锐的洞察力和大方的心态,发现隐含在实验中的另一层意义。

何聪明

所属单位：黎明小学实验社

观察报告：

· 得知小宇在打工时突然消失后，比任何人都着急，并急着去找人。

· 由于过度追求细节精确，反而没有记下重要的胜负分析。

观察结果：以诚恳的言语鼓励陷入混乱的小宇，不愧是好朋友。

田在远

所属单位：未来小学实验社

观察报告：

· 心里非常希望能够和黎明小学一起取得参加奥林匹克竞赛的资格。

· 在解释对决的主题和选定实验方向这两个方面，具有惊人的天赋。

观察结果：同时兼具细心、耐心及判断力的科学天才！

许大弘

所属单位：太阳小学实验社

观察报告：

· 比赛前，由于陷入田在远的心理战术而顿时失去理智，但始终尽力坚持到最后一刻。

· 比赛后，听到田在远的制胜秘诀后，便陷入崩溃的状态。

观察结果：接听瑞娜从德国打来的一通电话之后，情绪发生了变化。

其他登场人物

❶ 随时随地展现出惊人记者天赋的裴宥莉。

❷ 以精准的价格分析让小宇感到紧张的艾力克。

❸ 徘徊在比赛会场四周的太阳小学校长。

❹ 对于学生们的选择始终给予尊重的柯有学老师。

第一部 自体发光的太阳

13

嘟嘟嘟嘟

范小宇!

他不是跟我们比赛过的黎明小学实验社成员吗?

怎么可能!黎明小学不是明天要跟我们比赛吗?他应该没时间在那里摆摊吧?

一闪

大吼
大吼

注意!黎明小学王牌天才范小宇大人的感恩回馈大放送!

天啊……他真是个怪人!

哇!真好吃!

我这才发现黎明小学的学生真的很特别!包括上次下雨天跟着雨伞的那个女孩……

没错。那个女孩真可爱!

嘿嘿

哼!

应该会很有意思!

说什么要跟黎明小学一起参加奥林匹克竞赛？

比赛前应该避免与对手接触，这是一种礼貌吧？

你在这里胡说八道，不也是失礼的举动吗？

发飙

哼

哎呀，我们忘了在那个领域可是输你一大截呢！因为提到胡说八道，许大弘你可是最有权威的人啊！

就像那天在厕所那样。

呼

吃惊

这小子怎么会知道那件事呢？

当时他在场吗？没什么印象啊！

轰轰

怦怦

怦怦

当你撕毁申请书，把证据丢入马桶时，

你始终表示自己是清白的，对吧？前后不一的言辞，才是名副其实的胡说八道！

呜呼呼呼呼

这可是高境界的心理战术！

我不能落入他的圈套！

镇定下来。许大弘！

胡说八道

19

我患了重感冒，

咳嗽

不想传染给孩子们，

擤

所以继续在附近绕圈就好！

好的，我就照办。

好的，目前先由太阳小学实验社……

开始进行实验！

那看起来是一个利用压力的水泵！

很好。

这样就对了！

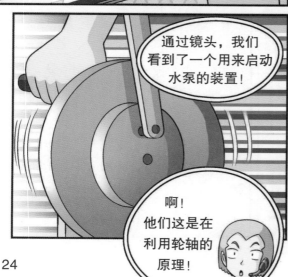

通过镜头，我们看到了一个用来启动水泵的装置！

啊！他们这是在利用轮轴的原理！

24

这可是一个非常不错的点子！

嚓

这次你们一定要展现出真正的实力才行！

成功完成这项实验！

好的，现在正式启动水泵！

转动

嗯？

天才的实验室

那小子是……

哦呀呀

吃力

范小宇？

他在那里做什么呢？

哗鄛鄛

简直是一个怪人……

哼

啊！！

解体

25

来……

递出

我是因为怕砂糖乱飞，所以想整理一下。

……

哈哈

拍打

拍打

拾起

Z

怎么突然变得这么友善？

收下吧！

没关系！这只是小事一桩……

偷瞄

来，你就收下吧！

那就谢谢您……

擦拭

哎哟，砂糖黏住了！皮带是因此而脱落的吗？

擦拭

呕

天啊！你可知道那条手帕多少钱！

啊！

对了！

既然您想要帮忙，我可以麻烦您把它装回去吗？

嘿嘿

我的手因为砂糖而黏乎乎的，所以不好处理。

呃？

好……好吧……

……

这样吗？

对，就是那里。安装在中心位置就可以了。

就是那样！这样就对了！

嚓

接下来麻烦您转动一下大的滑轮，好吗？

你……

这小子在命令我吗？

你是说像这样吗？

停！

看起来很正常，可以请您再转快一点儿吗？

转动

转动

果然是皮带出了问题！

全都裂开了。

疲乏
疲乏

还要转多久啊？

可以停了！

转动
转动

当然是啊！

一旦产生摩擦热的话，最脆弱的部位就会先受损！

正是！

啊，我怎么没有想到这一点呢？

可见是皮带太脆弱了。

不过，如果用比这个更厚的皮带，转速就会变得缓慢！

我得想出解决办法才行。是该换皮带的材质吗？比较不会受到摩擦热影响的材质有哪些呢？

还是该换滑轮的材质呢？

嗯？

有了！干脆把皮带拿掉，然后像这样！

?！

您帮我看一下，这样会有什么结果呢？

让这两个滑轮互相啮合后再转动的话

就不需要皮带了，对吧？

你是指齿轮吗？

啊？齿轮？

齿轮组就是好几个齿轮彼此相咬合，利用其中一齿轮带动另一齿轮转动的机械构造。

手表、搅拌机等物品里面都使用了许多精密的齿轮组。

实验1 一人敌过多人的拔河

　　人懂得制造工具和使用工具，其主要目的不外乎省时或省力，让工作变得更加轻松。现在我们就通过一项简单的实验，进一步了解动滑轮能省力的原理吧！

准备物品： 长木条 2 根、结实的绳索、实验参与者 3 人

❶ 用绳索绑住其中一根木条的顶端后，在平行放置的两根木条之间，将绳索以 Z 字形方式进行缠绕。

❷ 两个人分别抓住一根木条，并往自己身体的方向用力拉，让自己手中的木条远离对方。

❸ 第三个人抓住绳索的末端，并开始用力拉绳索。

❹ 当第三个人拉动绳索时，两根木条开始靠拢，而原本拉着木条的两个人也会不自主地相互靠近。

这是什么原理呢?

　　在这项实验中,抓住木条的两个人往各自方向对拉绳索,但他们的力量却敌不过另外一个独自拉绳者的力量。这是因为缠绕的绳索与木条扮演了"滑轮组"的角色。在这项实验中,小宇所抓的木条可视为动滑轮,士元只要使用较少的力,即可拉动小宇向前移动。只要懂得使用动滑轮,就能达到省力的目的。

实验2 硬币跷跷板

　　如果举办一场利用杠杆将硬币弹高的比赛,要怎么做才能把硬币弹得比对手还要高呢?只要你了解杠杆的原理,并且懂得调整支点的位置,便能在比赛中轻而易举地取得胜利。现在我们就通过下面的实验,进一步了解在这场比赛中获胜的方法吧!

准备物品: 20厘米长的直尺 、橡皮 、硬币

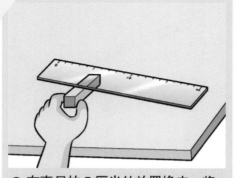

❶ 在直尺的5厘米处放置橡皮,将其设定为支点。

❷ 在离支点较近的直尺一端放置硬币,用手将另一端用力往下压,观察硬币弹起的高度。

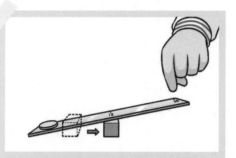

❸ 将作为支点的橡皮移到直尺 10 厘米处，并以和❷相同的方法再次进行实验。

❹ 这次则将橡皮移到直尺 15 厘米处进行实验。

❺ 当橡皮距离硬币的位置越远，硬币弹起的高度就会越高。

这是什么原理呢？

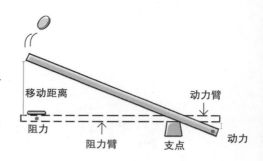

　　这是一项利用杠杆原理的实验，所运用的公式为：动力×动力臂＝阻力×阻力臂。当橡皮（支点）和钱币（阻力）的距离越远，也就是阻力臂变得越长，阻力矩（阻力×阻力臂）就会变得越大，钱币被加速的移动距离跟着变大，于是钱币弹得越高。然而，手指施力的位置（动力）越接近橡皮，动力点离支点的距离（动力臂）越短，如果要达到相同的动力矩（动力×动力臂），动力就必须变得越大，所以会感觉费力。

第二部 制胜的秘诀

唉！还是觉得黏黏的。

呃噗

呼呜！

哦，天啊！

我真是越来越帅气了！这怎么好意思呢！

哈哈哈笑死人了 哈哈哈

你也太自恋了吧！

黑……

嗯嗯？

41

在物体的重量固定，阻力到支点的距离也固定的情况下，

举手

一旦施力位置改变，施力的大小就要跟着改变！因为动力距离支点越远则越省力！

$$F_1l_1=F_2l_2$$

动力 F_1
到支点的距离 l_1
阻力 F_2
到支点的距离 l_2

呱啦呱啦

啪咿噗噗

唰啦

噗啪 唰啦

这是哪一国的语言？

正确答案。施力的大小！你们今天的实验所使用的滑轮也是同样的道理。

没错！我们是想要用小轮来达到容易转动的效果，所以才使用了轮轴。

在同一个轴心上装了大轮和小轮，形成一个能够同时旋转的轮轴。

况且，我们也很清楚那就是所谓的杠杆原理！

阻力 支点 动力

动力

阻力 支点

45

如今我可是天下无敌！胜利就握在我的手中！

啊 啊 啊 啊

摆摊位的地方只留下了化掉的棉花糖与砂糖……

黏稠

哼

明明说好会赶到的！

不在这里吗？

小宇究竟在哪里啊？

嗯？

黏稠

哇哈哈哈

啊！好甜哦！

喂！砂糖很贵的！你别在这里浪费我的钱！

吸

火大

不祥

脏兮兮

不可能的……那些可是他的宝物，他是不可能这么不小心的……

这些是小宇不小心掉在地上的吗？

我敢说这里一定发生了什么恐怖事件。否则，他是不可能留下这么多东西，然后不见人影的……

我想小宇应该也在别处寻找我们。你们就别太担心了。

好!

那就趁这个空当儿接受一下采访,如何?

搞什么啊你!

谁说要接受采访了?

我们的比赛可是还没有结束呢!

敏感的状态?

没有针对导师的专访吗?

你讲到重点了,江士元!就是因为比赛还没有结束,所以现在才是最重要的时刻啊!

什么意思?

你就别装了!所有参赛队伍的命运,就取决于明天的比赛结果!

最后一场比赛,

可是黎明小学对未来小学的比赛!

54

什么制胜的秘诀，你这是从哪里听来的？

啊？

实验是针对理论进行查证的过程，

更是利用其结果获取知识的手段！秘诀或许对你这种人有效，

但实验本身绝不可能有任何秘诀！

秘语

呀呀

士元正在气头上哟！

原来你再怎么厉害，也跟田在远差很多嘛！

制胜的秘诀可是从未来小学那里听来的。

呀呀呀

呃……

什么？

现在该学会谦虚了吧？

真的很好奇！

你可以告诉我那个秘诀吗？

哈

偷瞄

你的意思是只要了解制胜的秘诀，就能够成为天下无敌手了？

哈啊

哦哦

所以我先准备了一些东西！

改变世界的科学家——丁若镛

朝鲜学者丁若镛主张将科学技术积极运用在实际生活中，并且强调引进新科技的重要性。

通过学习新技术，他设计制造了一些革命性的机械结构，如一种由数十艘船只连接成一体的巨大的船桥。当然，最具代表性的还是"举重机"。该举重机上面架设4个定滑轮，下面架设4个动滑轮，左右则是以绳索连接的大型定滑轮，并以纺车缠绕绳索从而拉起物体，这种起重机能够以较小的力量轻易拉起笨重的石块。不仅如此，丁若镛还利用"游衡车"（一种装有车轮可以载运重物的运货车）与"辘轳"（一种利用轮轴与吊臂的起吊装置），在短短2年4个月内，便完成了原本预计需10年以上才能完成的水原华城工程。

丁若镛 (1762—1836)

朝鲜李朝的学者，发明了许多工具，对当时的科学技术有很多贡献。

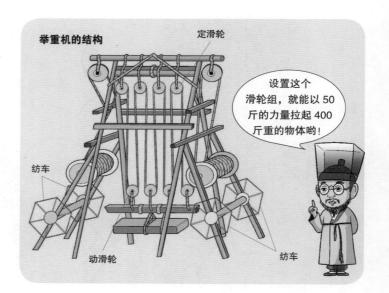

举重机的结构

G 博士的实验室 1 工具的历史（石器、青铜器、铁器）

在考古学中，根据当时所使用的工具和材料，将历史分为如下时代：

就是石器时代、青铜器时代及铁器时代。

石器时代

旧石器时代，将人类最古老的工具——石头，利用敲打的方式制成斧头、石枪等工具，或其他生活中用到的器具。

之后，到了新石器时代，则开始将石头以一定方向研磨，进而制得磨制石器。

差不多了！

打制石器

磨制石器

完成！

青铜器时代

人类终于开始使用以金属制成的工具，就是所谓的青铜。相较于磨制石器，青铜工具更为坚固，主要用来制造装饰品、武器或农业用具。

熔化金属

倒入铸型

修饰

完成

铁器时代

随着金属铁的发现，人类开始制造并使用更加坚固的各类铁制工具。而随着提炼技术的发展，各种更先进的武器和农业用具问世。

目前发现的最早的铁制品是距今5000年以上的埃及铁珠饰品。

真正的决赛

也就是说，把气球往下拉的话……

会造成瓶内的体积变大而使气压降低，

进而使瓶内的气球膨胀……

气球

矿泉水瓶

剪刀

胶带

呼……

打眈儿

打眈儿

拉住

啊！

哨

65

咚

咚 咚

偷瞄

你想干吗？

应该我问你才对！没有按照我准备的主题做实验就算了，居然在这里看书，还是英文版的书！

少在那儿装模作样了！

不好意思啊，你精心准备的12项实验，都是我已经做过的。

如果你的目的是练习这些实验的话，我应该可以省下这时间吧？

你错了！你难道不懂团队精神吗？

你没看到其他人都满怀希望地进行实验吗？居然只有你一个人在这里看莫名其妙的书……

发飙

看来你误会大了。阅读叶芝*的书籍，是我缓和情绪的方法。

这不是莫名其妙的书！

书名叫《叶芝》？

还有！在你眼中，那就是所谓满怀希望的模样吗？

* 叶芝：爱尔兰著名诗人、剧作家和散文家。

67

根据我所听到的情报，今天太阳小学之所以会败北，就是因为在比赛中尝试了新的实验。

而且我也听到明天未来小学的参赛者说，他们笃定自己的队伍一定会获胜。这摆明就是看扁我们的实力！

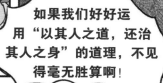

！！

如果我们好好运用"以其人之道，还治其人之身"的道理，不见得毫无胜算啊！

如果是那种理由的话……

嚓

超身

啊……

更不值得如此浪费宝贵的时间！

紧握

70

72

您来看一下！它的核心技术就在于这两个滑轮！可问题是，用来连接这两个滑轮的皮带看起来有点儿脆弱。

那么……

而解决方法就是……

我已经找到了让两个滑轮彼此连动的方法！

连动两个滑轮，只要使其中一个滑轮旋转，另一个滑轮便会被带动了！

哇！齿轮！

原来你找到了用齿轮装置来替代的方法啊！

齿轮的种类可是有很多种呢！因此选择范围很广泛！

从改变旋转的速度和力道，乃至于将圆周运动转换为直线运动……建议你从中选择最适合的来使用吧！

用来改变速度和力道的正齿轮

在圆形齿轮内部运动的内齿轮

使用链条的扣链齿轮

哇，这些都是齿轮吗？

我看一下，我记得齿轮就摆在这里……

我找到了！这里有各种大小的齿轮！

哦，太好了！

就在这一刻，一部完美无瑕的棉花糖制造机即将诞生了！

将两个大小不同的齿轮咬合，放置在基座上面。

然后在小齿轮的轴上固定棉花糖拉丝器，

在大齿轮上安装一个旋转把手！

咔嗒

锁紧

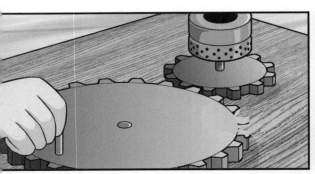

转转转转

太好了！

嘭！

老师，麻烦您帮我拿火柴！

好的！

火柴！

嘟噜噜噜

点火

这么小的火势不够！

我需要更猛烈的火势！

更猛烈的火势！好，你交给我吧！

哈

应……应该够了。

啊，好烫！

来，加强5倍的火势！如何？

熊熊烈火

烧烧烧烧

……

你在笑什么？

对……
对不起。

哈哈

我突然觉得，刚才的你像极了小宇，所以我就不由自主……

什么？

发飙

你这是在嘲笑我吗？现在我可没有心情听你说风凉话！

竟然拿我跟那只猴子比……

你误会了！我没有嘲笑你啊！

我一直觉得小宇是个能够把心里话讲出来的人。

不过我倒是第一次见到你这种模样。

这位先生！你又在藐视我了！

我究竟做错了什么？

大吼 大叫

就好比你之前骗裴宥莉，说你看到了田在远那件事情也是……

她这是什么意思啊？

原来这臭小子刚才是在欺骗我？

乞乞乞乞乞乞

85

嘿嘿

当时我用砂糖制作过一种饼干，而现在则是利用它来制作棉花糖……

真的是很了不起的变身！

是啊！

嗯……

所以每件事情的起点是非常重要的，所谓万事开头难嘛！

起点？

虽然在这个过程中尝到了失败的滋味，但如果一开始没有第一代的话，

我想现在是不可能诞生第三代的。

紧张

对！没错，起点！

如果没有我加入实验社的这个起点……

日常生活中的工具

如果有一天，我们生活中的工具突然消失不见，世界会变成什么样呢？如果真有这么一天，我们将不得不花费很多的力气和时间，处理开瓶盖或削铅笔这类琐碎的事情……接下来，我们就来了解日常生活中所使用的各类工具，以及其中所隐含的基本原理吧！

削笔刀

削笔刀是一种利用轮轴原理的工具。轮轴的结构是将两个大小不同的滑轮连接在同一个轴上，大轮转动时，便会带动小轮一起旋转。将削笔刀把手以画圆的方式转动，就如同动力在大轮上，阻力在小轮上。这是一种省力的装置，能轻松完成削铅笔的动作。

软木塞开瓶器

软木塞开瓶器是一种结合轮轴、螺丝、齿轮、杠杆的工具。当我们转动上方的把手时，根据轮轴的原理，下方的螺丝便会一边旋转，一边钻进软木塞中心。此时，由于下方螺丝用的是斜面原理，因而能够轻易钻进软木塞内。当螺丝钻进软木塞内部时，齿轮便会工作，促使两边的侧把手开始往上升起，此时将侧把手往下扳，便能利用杠杆原理，拔出软木塞。

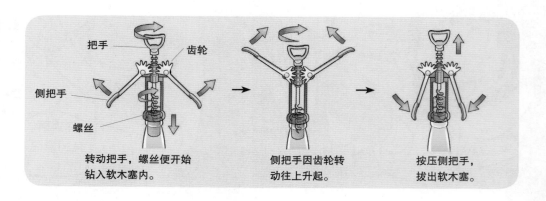

转动把手，螺丝便开始钻入软木塞内。

侧把手因齿轮转动往上升起。

按压侧把手，拔出软木塞。

旋转门

　　旋转门是通过门的旋转运动，能够方便人们进出的门，常见于有人频繁出入的饭店。它是由数片门扇和中心轴组成的门。当转动旋转门时，推的地方离中心轴越远越省力。

混凝土搅拌车

　　将工厂所制造的混凝土搬运到施工现场的混凝土搅拌车，装在车头后面的搅拌筒用来运载混凝土，在运送过程中始终会保持转动，以确保混凝土不会凝固。该搅拌筒利用的是斜面的变形——螺旋，其工作原理是用引擎的动力来驱动搅拌装置，改变搅拌筒的旋转方向，就能将内部的混凝土输送出来。

利用斜面原理的搅拌筒

吊车

　　臂架型起重机又称为"吊车"，是一种利用动滑轮的工具，主要是在施工现场用来垂直提升和水平搬运重物。由于在吊运物体时，以较小的引擎力量即可进行作业，加上车辆的移动性高，因而有助于缩短施工时间和减少施工费用。有时为了更省力，也会采用连接数个动滑轮的方式。

第四部

第1集

心中的火苗

10 分钟前

我要去见一个人！

既然比赛都结束了，你怎么还不回英国呢？

原来那个人就是你啊！

我会回去的，等明天闭幕典礼结束之后。

你们竟然准备去吃比萨大餐？

呼，忍耐。

电梯门要关了。

嗯？

叶芝？

你也知道啊？

这书很有名吗？

你问我知不知道，威廉·巴特勒·叶芝？

"Education is not the filling of a pail, but the lighting of a fire."

......

93

94

10万元对我来讲可是一个天文数字……

啊，慢着！

大会不是有发放冠军奖金嘛！

冠军奖金10万元

没错！这是我第一次加入实验社时制定的目标！只要能够达成，就能解决所有问题了！

只要明天能够打败未来小学，就有机会问鼎冠军！

100,000

届时，我就拿那些奖金坦坦荡荡地与士元协调赔偿。

呼……

谁说你可以动用奖金的？

小宇！

奖金

太完美了！

明天一定要……

嗯？

喂，你这小子怎么现在才出现呢……

向前

慢着

噜噜

啦啦

97

今天准备迎战的未来小学和黎明小学，已经经历过一场对决。

由于当时主办单位的临时决议，今天才能在此进行第二次比赛。

因此，今天这场比赛的结果，将会以第一次比赛和第二次比赛总分的平均分数来定。

缓步

肃静

紧张

差距只有0.25分！反败为胜不是问题！

今天一定要赢，我一定要赢得奖金！

紧张

熊熊烈火

这次同样也有胜算。

* 自然界存在四种基本作用力：引力、电磁力、强相互作用力、弱相互作用力，其他所有力都是这四种力的不同表现方式。

你在耍我是不是？

肉眼看不见的原子或分子之间的作用力，怎么可能会强过地球吸引万物的重力呢？

没错，重力是由于地球的吸引而使物体受到的力。

不过，束缚住电子的电磁力，以氢原子为例的话，高于重力达 10 的 39 次方倍以上。

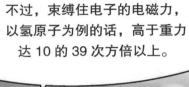

而束缚住质子的强相互作用力，又高于电磁力数百倍以上。

强相互作用力……

照你这么说，

原子弹就是……

没错，原子弹就是经由核裂变释放巨大能量的武器！

看到那种威力，你就能了解强相互作用力的惊人力量。

要怎么做有关时间的实验呢？肉眼又看不到时间。

对……没错。我没有想到这一点。

那么！

剩下的方法就只有一个！想出能呈现时间的实验，江士元！

有的！

一种能够呈现时间的实验！

时钟！用时钟就能搞定！

人类从很久以前开始就想测量时间，并希望获知正确的时间。

古埃及的日晷

没错，时钟是一种可以测量时间的装置，如此时间才可以像质量或长度一样被量化。

所以在人类文明中诞生了各种计时仪器。

这么说……

古希腊的水钟

中国的水钟

同时也利用太阳的移动、水的流动，甚至是沙漏、线香、蜡烛等各种方法来计量时间。

太好了！今天我们的实验是……

制作简易的时钟！

好，就这么决定了！

最强大的力量！

时间！

因为这里没有阳光，所以日晷应该不太妥当吧？

不如还是选水钟……

好啊，水钟！

那就定为水钟吧！

我先来绘制设计图好了。

确定没问题吗？要是发生失误的话，可是会被扣分的！

到底是哪一种实验啊?

这不用你来提醒好吗?

竟然需要跑到观众席来布置设备。

基于安全考虑,指导老师们也来确认了吗?

工作人员

工作人员

即便如此,还是谨慎些好。

什么啊,他们怎么会想出那种实验呢?

好厉害!

哦……

假如那个实验能够成功的话,赢家非未来小学莫属!

你怎么突然又唱起反调来了？刚刚我们不是说好要进行水钟实验的吗？

你坚决反对的理由是什么？

你没听到刚才士元讲的话吗？

这可是连士元自己也未曾尝试过的实验啊！

在比赛中试图进行未曾尝试过的实验……

绝对不允许！

是太阳小学败北的原因！

范小宇，你又开始胡说八道了。

你们还记得波浪实验吗？

当时我们也是根据理论，第一次在比赛中做了尝试！

最后结果呢？

尽管尝试了很多次，但灯泡终究没有点亮，结果就输掉了比赛。谁能保证水钟不会是这种结局呢？

结果，你如今却想舍弃那种初衷，并且满脑子都是制胜原则这种莫名其妙的东西，其他更重要的事都不管了，是不是？

你说我莫名其妙？

顿住

嗯？

慢着，你那句……

我是从艾力克那里听来的。

"教育不是注满一桶水，而是点燃一把火。"实验也是如此……

那可是叶芝写的，难道你读过那本英文书？

意味着人的热情胜过盲目地追求知识。

你之所以能够站在这里，是因为拜你的心态所赐。

什么嘛……

也就是说，这意思是……

115

117

自制多米诺骨牌

实验报告	
实验主题	利用工具制作简易型多米诺骨牌，轻松了解装置的原理。
准备物品	❶ 铁架 ❷ 珍珠板 ❸ 连接绳索的鳄鱼夹 ❹ 书本 ❺ 美工刀和剪刀 ❻ 骨牌5片 ❼ 定滑轮 ❽ 底座 ❾ 弹珠 ❿ 钩码（200克） ⓫ 糖包（200克） ⓬ 杠杆和支撑物 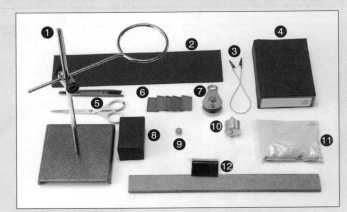
实验预期	组装滑轮、杠杆、斜面等基本工具，从而推倒骨牌。
注意事项	❶ 糖包的重量是指砂糖加纸袋的总重量，为200克。 ❷ 杠杆的支点请放置在距离动力点（钩码下端接触部位）不远的位置，以便增加阻力臂的距离。 ❸ 在骨牌倒下前，请检查各个装置的连接部位。

实验方法

❶ 将定滑轮安装在铁架上。

❷ 将绳索缠绕在滑轮上，并在绳索两端分别吊挂糖包和钩码。

❸ 将杠杆安装在钩码掉落的位置。底部多放置一个底座，以便提高支点。

❹ 在当作斜面的珍珠板上，用弹珠划出一道凹槽，以使弹珠能沿着凹槽滑落。

❺ 如图所示，在距离珍珠板一端约四分之一处轻划出一道刀痕，把珍珠板压折后放置在书本上。

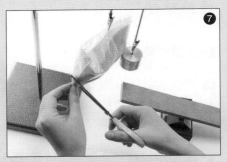

❻ 将骨牌以一定的距离直立在斜面的底部附近。

❼ 用剪刀在糖包的一角剪开一个小洞，让砂糖从小洞漏出。

实验结果

❶ 糖包的重量逐渐变轻，促使连接在滑轮上的钩码掉落，并触碰杠杆。❷ 杠杆的另一边会因此翘起并触碰珍珠板。❸ 放置在珍珠板最高点的弹珠会沿着珍珠板的凹槽往下滑落，从而推倒骨牌。

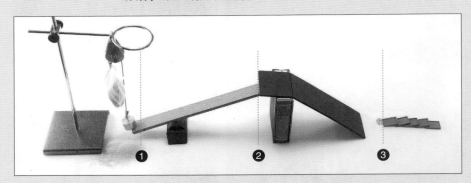

这是什么原理呢?

　　在这项实验中，我们可以看到滑轮、杠杆及斜面这类工具的连锁效应。一开始，定滑轮通过钩码和糖包维持平衡，当糖包中的砂糖往外漏，从而糖包的重量变轻时，钩码便会往下坠落，掉落在杠杆上。而这股力量会促使杠杆的另外一边逐渐往上翘起，从而触动珍珠板，致使弹珠沿着斜面轨道往下滑落，进而使骨牌依次倒下。

博士的实验室2

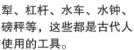

犁、杠杆、水车、水钟、磅秤等，这些都是古代人使用的工具。

水钟　磅称

其中，应用杠杆原理的投石器和起重机是由阿基米德发明的，

约公元前3500年，犁具的使用。

约公元前1000多年前，滑轮的使用。

约公元前100年，水车的发明使用。

亚历山大时期的海伦，则是将工具汇整成杠杆、滑轮、螺钉、轮轴、斜面等数种机械单元。

进入中世纪后，水车和风车开始普及。同时更使用了将车轮的旋转运动转换为往复运动的工具——曲轴。

利用此类工具，人类便开始进行压碎壳物、造纸、编织织物等活动。

利用水力的水车

利用风力的风车

随着活版印刷术的发达，任何人都能接触到书籍。这对科学技术的发展带来了莫大的影响，并且对应用各种原理发明各类工具有着很大的帮助。

竟然有这种吃饭时不用动手的工具……

18世纪开始的工业革命促使人类开始使用复合式机械装置。同时，随着电力的供应，各种先进工具问世，给人类生活带来巨大的变化。

约翰·古登堡

电话

蒸汽火车

灯泡

爱迪生

第五部

随着时间改变的东西

主题是……

"最强大的力量"。

哇啊啊

关于力量的实验，选项可是有很多呢！

我觉得应该选……

重点是要选一项最强大的力量。

127

好主意，我认为值得一试！

不过，我们得先取得主审的许可才能进行。

这个任务就交给我吧！

公布主题不到两分钟，他们就已经着手准备实验物品了。果然是黎明小学！

他们好像在询问什么事情。

会是哪一种实验呢？

我们这项实验的主要器材就是滑轮。

滑轮分为定滑轮和动滑轮两种。

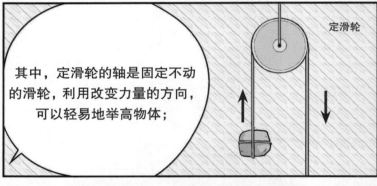

其中，定滑轮的轴是固定不动的滑轮，利用改变力量的方向，可以轻易地举高物体；

定滑轮

动滑轮的轴可以随被吊物体一起运动，当拉住绳索时，物体和滑轮会被提起。这种轮滑可以用来减少施力的大小。

动滑轮

我们这项实验就是利用定滑轮和动滑轮的复合滑轮组！

在这种情形下，动滑轮的数量越多，就越省力。

是的，幸好这里有大型滑轮，我们只需要两个定滑轮和两个动滑轮就足够了。

定滑轮

绳索

接下来，再把动滑轮也连接在一起。

定滑轮

动滑轮

动滑轮

首先，将两个定滑轮和绳索的一头末端固定在栏杆上，并使绳索维持垂吊状态。

下一个步骤就由我来接手。

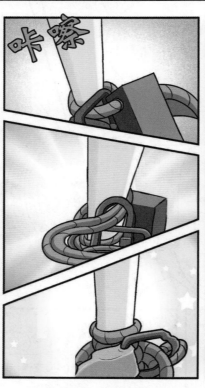

你确定固定好了吗？

非常牢固，不用担心。

呼

拉

好。

现在该轮到我了。

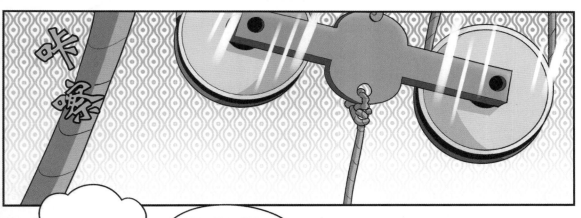

咔嚓

动滑轮开始下降了！

他们是打算把东西吊起来吗？

哗 哗

哗 哗

最具代表性的滑轮装置就是电梯。

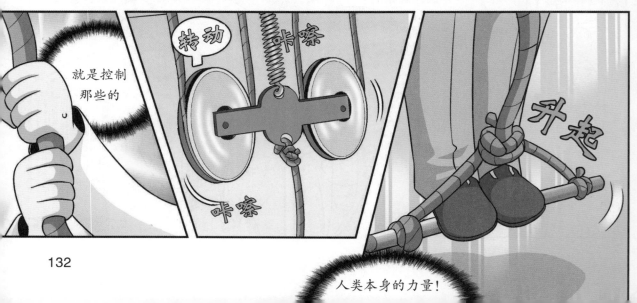

太好了！

我制作的水钟运作得非常理想！

嗯？

你……制作的？

因为水钟的核心技术，也就是齿轮，是我设计的呀……

那原本就在设计图上。

所以当然是我制作的！不是吗？

设计图只是设计图！你难道不懂能够实际做得出来才是王道吗？

随你怎么说！

他讲得没错。

设计图只是一种假设而已。而实验就是用来证明假设的。

齿轮装置的确做得很好。

你今天是吃错药了吗？先是赞扬我的能力，

现在又肯定我的实力。你是怎么了？我不太习惯啊！

138

140

轮轴实验

	实验报告
实验主题	将钩码吊挂在大小不同的轮半径上，测量维持平衡的重量。借此进一步理解转动轮轴所需的力量会随着轮轴半径的大小而改变的原理。
准备物品	❶ 轮轴及带有挂钩的绳索　❷ 铁架　❸ 20 克钩码 3 个　❹ 直尺 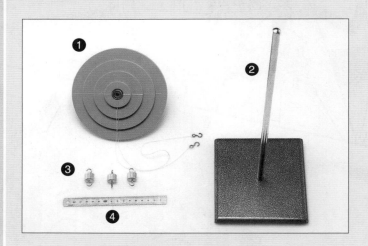
实验预期	在小轮上吊挂更多的钩码，才能让轮轴维持平衡。
注意事项	❶ 3 个钩码的质量相同，请使用半径比例为 1 : 2 : 3 的轮轴。 ❷ 在大轮和小轮上绕线时，请彼此以反方向缠绕。

实验方法

❶ 将轮轴连接在铁架上，并用直尺测量大轮和小轮的半径。

❷ 在轮轴保持平衡、静止不动的状态下，将大轮和小轮的绳索彼此以反方向缠绕。

❸ 在挂钩（吊挂在滑轮的绳索上）上分别吊挂 20 克的钩码各一个后，轮轴便开始失去平衡，从而使轮轴转向大轮挂有钩码的方向。

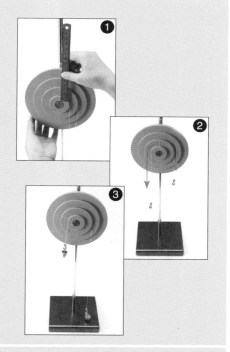

实验结果

当再把另外一个 20 克的钩码吊挂在小轮上后，轮轴便再次保持平衡了。

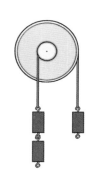

这是什么原理呢？

轮轴是一种在同一个轴上同时固定大滑轮和小滑轮，使其一起转动的简单机械。在这项实验中，我们在半径2厘米的大滑轮和半径1厘米的小滑轮上，分别挂了20克钩码1个及20克钩码2个，从而维持了平衡。这意味着转动半径2厘米滑轮所需要的力量，为转动半径1厘米滑轮所需力量的二分之一。

由于轮半径越大越省力，因此在小轮上吊挂物体，并在大轮上安装把手或吊挂绳索，就能以较小的力量轻松完成工作。

第六部

迈向奥林匹克竞赛

未来小学赢了!

未来小学好厉害!

我的天啊……

田在远,你好棒!

呜呜呜呜

哇

哇啊

我的奖金!

飞飞飞

哇

竟然就差那么0.5分……

那才不是重点啊!如此一来,亚军队伍是……

未来小学 3 胜
黎明小学 1 胜 2 负
大星小学 1 胜 2 负
太阳小学 1 胜 2 负

哇

嗯? 亚军?

冠军确定是未来小学了!

剩下的三支队伍都是 1 胜 2 负的相同成绩!

所以需要合计三支队伍所取得的总分来决定之后的名次。

取得最高分数的队伍就能参加奥林匹克?

搞不好……

太阳小学		
第1场	41.75	
第2场	36	113
第3场	35.25	

113 分！

大星小学		
第1场	37.25	
第2场	41	116
第3场	37.75	

116 分！

黎明小学		
第1场	38.75	
第2场	41.25	121.75

121.75 分？

黎明小学！

163

季军是取得 116 分的
大星小学实验社。
艾力克老师，
谢谢你！
你愿意
陪我们到最后
一刻，是我们
的荣幸。
啪
啪
啪
而第四名则是取得
113 分的太阳小学实验社。
我才是从
你们身上学到
东西的人。
许大弘，
辛苦了！
我们下次
再来吧！
凭着我们
自己的方法！
即将为赢得冠军和
亚军的实验社颁发
奖杯和奖金，
同时他们也取得了参加
国际科学奥林匹克竞赛
的参赛资格。

江士元！

......

你不要以为今天赢了我，就代表永远都是如此！

总有一天，我一定会打败你！

随时奉陪！

拜你所赐，我也正在成长呢！

他是开玩笑的！

这小子天生
就是这么爱钱……

我替他向您道歉。
真的很抱歉。

真的是……

好奇怪的梦啊!

嘀嗒

嘀嗒

嗯?

天啊! 这闹钟又故障了!

你到底要让我修理你多少次啊! 你怎么都不会响呢?

跳起

哎呀! 迟到了!

呼嗒嗒

我看洗脸和刷牙就免了吧!

173

175

呃！

我永远的宿敌——江士元！

漠视

缓步

缓步

喂！

江士元！

愤怒

等一下，我有事找你。

偷瞄

不是什么要紧事，就等下课后再说吧！

我一定要现在跟你说。我找你的目的……

就是……

嗞嗞嗞

这个！

敛巴巴

察

愤怒

什么？

啊，终于……

绥步

我回来了！
我的家……

这么久都没有人住，所有家具
一定覆盖着厚厚的一层灰尘……

可想而知，屋子里到处滋生着
各种细菌！可能是太过兴奋了，
现在我的手都在发抖……

呼呼呼呼

喜极
而泣

嗒

工作与工具

在科学领域中，我们可以计算工作的量，并且加上单位以做出正确的描述。因此，科学领域中所指的"工作"和日常生活中所指的"工作"意义是不一样的。各式各样的工具就是为了提高这个"工作"的效率而使用的。

做功

在力学领域中，对"力"的定义是物体对物体的作用。力可以使物体的形状或运动状态发生改变。一个力作用在物体上，物体在这个力的方向上移动了一段距离，我们就说这个力对物体做了功（功=力×物体在力的方向上移动的距离）。即使

我们使出全身力量想要推倒一面墙，但这面墙却没有移动，则我们所做的功为0。同样，当我们手上提着重物静止不动时，尽管为了提重物而施了力，但由于重物的移动距离为0，就等于我们所做的功为0，也就是所谓的"白做功"。

功的原理

古代人在搬运很重的石头或猎物时，利用的是杠杆原理。如今在施工现场搬运笨重的建筑材料或货物时，则会利用起重机轻松搬运。因此，只要懂得利用工具，就能以小的力量轻松完成需要费力的工作。然而，即使利用工具，做功的量也不会因此而有所改变，这是因为施力减少时，移动距离就会相对增加。在用斜面搬运笨重的物体时，比在平面搬运物体时要省力，感觉更轻松，但由于移动物体所需的距离相对会增加，因此所做的功是相同的。所以使用工具虽然可以省力或省时，却不能省功。

工具的种类

滑轮、斜面、杠杆是我们最常使用的工具。现在就让我们进一步了解其中所蕴藏的科学原理吧！

杠杆：在力的作用下能绕着固定点转动的硬棒。在生活中根据需要，杠杆可以是任意形状。在杠杆原理中，力的大小取决于支点到动力点的距离（动力臂），动力臂越长，则越省力。绝大部分利用杠杆原理的工具，是用来轻松举起笨重的物体，但也有为了进行细微的工作，需要耗费更大力量的工具，如镊子。杠杆一般分为三种，分别为等臂杠杆、省力杠杆和费力杠杆。

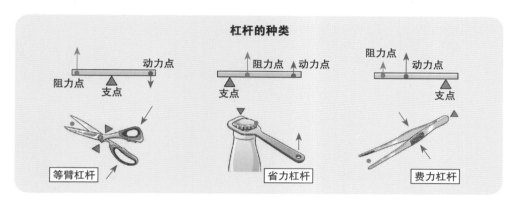

滑轮：由可绕中心轴转动有沟槽的圆盘和跨过圆盘的柔索组成的一种可以绕着中心轴旋转的简单机械。定滑轮：固定在一个定点，吊起物体时所需要的力量不会改变，只能用来改变力的方向。动滑轮：轴与被吊物体一起运动，在吊起物体时，力的大小会减少约二分之一，但不会改变力的方向。滑轮主要用于电梯、旗杆、吊车等。

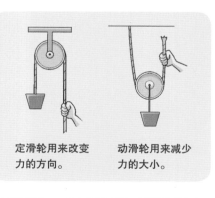

斜面：斜面的倾斜度越小则越省力，但移动距离较长；相反，倾斜度越大则越费力，但移动距离也较短。在高耸的山上开辟弯弯曲曲的盘山路，就是利用斜面的原理达到省力的效果。

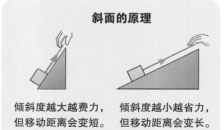

图书在版编目（CIP）数据

齿轮与滑轮 / 韩国故事工厂著；(韩)弘钟贤绘；徐月珠译. —南昌：二十一世纪出版社集团，2018.11（2025.3重印）

（我的第一本科学漫画书. 科学实验王：升级版；25）

ISBN 978-7-5568-3841-7

Ⅰ.①齿… Ⅱ.①韩… ②弘… ③徐… Ⅲ.①齿轮－少儿读物 ②皮带轮－少儿读物 Ⅳ.①TH132.41-49 ②TH132.3-49

中国版本图书馆CIP数据核字(2018)第234036号

版权合同登记号：14-2015-010

我的第一本科学漫画书
科学实验王升级版㉕齿轮与滑轮　　[韩] 故事工厂/著　　[韩] 弘钟贤/绘　　徐月珠/译

责任编辑	邹　源
特约编辑	任　凭
排版制作	北京索彼文化传播中心
出版发行	二十一世纪出版社集团（江西省南昌市子安路75号　330025）
	www.21cccc.com（网址）　cc21@163.net（邮箱）
出　版　人	刘凯军
经　　　销	全国各地书店
印　　　刷	江西千叶彩印有限公司
版　　　次	2018年11月第1版
印　　　次	2025年3月第10次印刷
印　　　数	68001～77000册
开　　　本	787mm×1060mm 1/16
印　　　张	11.75
书　　　号	ISBN 978-7-5568-3841-7
定　　　价	35.00元

赣版权登字—04—2018—423
版权所有，侵权必究
购买本社图书，如有问题请联系我们：扫描封底二维码进入官方服务号。服务电话：010-64462163（工作时间可拨打）；服务邮箱：21sjcbs@21cccc.com 。